里下河水情教育

《里下河水情教育》编写组 ◎ 编著

U0381152

河海大学出版社
HOHAI UNIVERSITY PRESS
·南京·

图书在版编目（CIP）数据

里下河水情教育 /《里下河水情教育》编写组编著
. -- 南京 : 河海大学出版社, 2023.10
ISBN 978-7-5630-8446-3

Ⅰ. ①里… Ⅱ. ①里… Ⅲ. ①水情－普及教育－江苏
Ⅳ. ①P337.253

中国国家版本馆CIP数据核字(2023)第195439号

书　　名　里下河水情教育
书　　号　ISBN 978-7-5630-8446-6
责任编辑　彭志诚
特约编辑　林　婷
特约校对　薛艳萍
装帧设计　林云松风
出版发行　河海大学出版社
地　　址　南京市西康路 1 号　（邮编：210098）
网　　址　http://www.hhup.com
电　　话　025-83737852（总编室）
　　　　　025-83722833（营销部）
经　　销　江苏省新华发行集团有限公司
排　　版　南京布克文化发展有限公司
印　　刷　南京工大印务有限公司
开　　本　880mm × 1230mm　1/32
印　　张　4.375
字　　数　125 千字
版　　次　2023 年 10 月第 1 版
印　　次　2023 年 10 月第 1 次印刷
定　　价　69.00 元

前言

　　江苏省里下河地区，西起里运河，东至串场河，北自苏北灌溉总渠，南抵新通扬运河，是由湖荡和河网构成的一大片洼地的统称。里下河地区四周高，中间低，是典型的盆状结构，俗称"锅底洼"。这样的地形地貌，加之独特的水系、气候条件和资源优势，让里下河地区成为有名的"大粮仓""鱼米之乡"。区域内众多的湖泊湖荡、河道水网，如海绵一般存蓄水体，成为里下河防洪"上抽、中滞、下排"策略中重要的一环。

　　但是，这一地区也曾经洪水肆虐，经常沦为水中泽国，一度遭到过度开发，河湖面积严重缩水。现如今，通过大力推行湖泊网格化管理、实施退圩还湖等工程，建设幸福河湖，里下河湖区逐步恢复了河湖水域和自然岸线，再现了"万亩荷塘绿，千岛菜花香"的水乡美景，为江淮生态经济区建设打下了水生态环境基础。

　　菰蒲深处，流淌的是清澈湖水，孕育的是水韵乡情。习近平总书记在2020年11月视察江苏时指出，要依托大型水利枢纽设施和江都水利枢纽展览馆，积极开展国情和水情教育，引导干部群众特别是青少年增强节约水资源、保护水生态的思想意识和行动自觉。为贯彻落实习近平总书记重要讲话精神，普及里下河水情知识，弘扬里下河水文化，展示里下河腹部地区湖泊湖荡治理成效，江苏江湖文化公司委托江苏省泰州引江河管理处编写此书，2021年12月，江苏省泰州引江河管理处《里下河水情教育》编写组成立，2023年5月，《里下河水情教育》终稿完成。读本由王昕炜、何健峰、孙文昀副主编负责统稿，王建春副主编负责图片收集，经李翔主编审阅后，得以定稿。

　　其中《里下河水情教育》第一章王昕炜、何健峰、万静、孙文昀执笔，第二章万静、曹慧、甘莉琼执笔，第三章黄雪婷、张颖、赵泽月、梁思徽执笔，第四章何健峰、王昕炜、曹慧、吴煜潇执笔，第五章王昕炜、黄雪婷、赵泽月、姚枝彤执笔。

　　由于时间较紧，且水平有限，书中内容难免有错误或遗漏，敬请读者不吝指正，以期更好。

编　者

2023 年 6 月

目录

01 **里下河的由来**

02 **里下河的河流湖荡**

里下河水情教育

01 里下河的由来

1/01

里下河的定义

"里下河"指的是里下河地区。里下河地区位于淮河流域东南部，江苏省中部，北至苏北灌溉总渠，南迄新通扬运河，西抵里运河，东至串场河。根据《江苏省志·水利志》记载，其面积为 11892 平方公里，其中，扬州部分 6562 平方公里，盐城部分 4114 平方公里，淮安部分 798 平方公里，南通部分 418 平方公里。

据 1965 年统计，里下河湖荡面积约 995 平方公里，耕地面积约 935 万亩*，其中易涝面积约 780 万亩，是名副其实的水乡。

* 亩：1 亩 ≈ 667 平方米

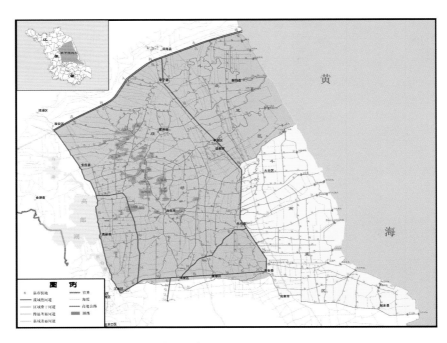

里下河地区现状水系示意图（2020 年）

■ [里下河]

里下河腹部区域以水为界，西至里运河，东至串场河，南至新老通扬运河，北至苏北灌溉总渠。里下河区域地势低洼，周边高程在3～5米。兴化境内地势低洼平坦，地面高程在1.4～3.2米，起伏小，为周围高、中间低的碟形洼地，是里下河腹部地区建湖、溱潼、兴化三大洼地中最低洼的地方，俗称"锅底洼"。

2 / 01

里下河的演变

[里下河境内]
湖荡密布、河道纵横

约 7000 年前，里下河地区是沿淮河与长江两个冲积平原之间的一个大海湾，淮河、长江不断挟带泥沙入海，在波浪、潮汐和沿岸流作用下，于海湾口堆积成沙堤，形成与外海隔开的潟湖。3000 多年以来，潟湖在江淮诸多支流注入的影响下，逐渐成为淡水湖。后因泥沙淤积，遂演变成了今天四周高、中间低的"锅底洼"平原区。

今日的里下河地区，湖荡密布、河道纵横，为四周高、中间低的碟形洼地。周边地面高程 3～8 米，2.5 米以上土地约有 4900 平方公里. 中部 2.5 米以下土地约有 6900 平方公里（其中 2 米以下约有 3700 平方公里）。兴化、溱潼、建湖三块洼地高程一般为 1.5～2.5 米。

[里下河境内]
泰州引江河高港枢纽

　　清康熙时，里下河西侧有里运河车逻、南关等归海坝的坝水流入；北面与黄淮冲积平原的黄河相隔；南面有通扬运河的水流入；东侧串场河沿线入海口因长年被沙土淤浅，比兴化、高邮河身反高，形成了四面高、中间低、四水投塘之势，因此常把该范围称为下河七州县，即山阳（今淮安区）、宝应、高邮、江都（今扬州市）、兴化、盐城、泰州七州县。

　　清雍正以后增加了甘泉、东台、阜宁等县。道光初年，里下河范围未变，而州、县增至十个，即山阳（今淮安区）、宝应、高邮、甘泉（今扬州市区西北）、江都（今扬州市区东南）、泰州、东台、盐城、阜宁、兴化，称"下河十州县"。民国初年，下河的名称改下河为里下河，内有宝应、高邮、江都（今扬州）、泰县（今泰州）、东台、兴化、盐城、阜宁、淮安9县。今里下河范围与清代稍有不同。

[里下河境内]
四周高、中间低的碟形洼地

3 / 01

里下河的得名

江苏省境内的大运河分为三段：长江以南叫江南运河，淮安以北叫中运河，淮安到扬州之间叫里运河。在东台、盐城市区西边有一条南北方向的串场河叫下河。里下河是里运河与下河之间区域的总称，是流入海的最低洼的河网地区，历史上以"锅底洼"的兴化为中心，含宝应、高邮、江都（今扬州）、泰州、东台、盐城等地，以及建湖、大丰的一部分地区。

里运河，古名邗沟，后有邗溟沟、韩江、漕渠、官渠、合渎渠、邗江、真楚运河、淮扬运河等称谓。明、清时杨庄漕运船工因其北漕运艰险而称外河，因其南漕运平稳而称里河，自清康熙时期至今仍沿用里运河之名。新中国成立后，国家对里运河进行了重点治理与开发。

[里运河全图]

邗沟（即里运河）开凿之初，直到宋代初年，邗沟东西相平，陆地相连，河湖相通，天长等地山丘来水由西向东自然排入大海。为解决邗沟水源不足问题，宋代开始筑堤界水，使邗沟以西凹地汇而成湖。因筑堤将邗沟东西隔开，蓄水以后，便出现堤西水位高而堤东水位低的现象，水位高的叫"上河"，水位低的叫"下河"。

宋绍熙元年（1190），曹叔远在《五龙王庙记》中称高邮清水潭以东"里俗号称下河"，是以东西水位高低划分上河、下河的。可见"下河"之名始于宋。

[里下河水上集市]

[湖光霞影]

[你知道吗]
泰州的"下河"

　　泰州城周围有城河，泰州人将城北之河叫"下河"，意为低水位地区的河；称那边的人为"下河人"，即低水位地区的人。北城河紧连上坝，向北是下坝。上坝向南是通扬河，连到长江，那里属于上水、高水。下坝向北叫下河，那里属于下水、低水。上下坝水位平时相差1米左右，汛期相差2～3米，上下坝之间有船闸相连。

4 / 01

里下河
历史上的灾害

东去只宜疏海口，西来切莫放周桥。
若非盛德仁人力，百万生灵葬巨涛。

——〔清〕陈潢

前602年海岸线　1048年海岸线

禹河故道
前2278—前602

大陆泽

北宋故道
1048—1128

东汉故道
11—1048

1855年海岸线

1128年海岸线

11年海岸线

现代黄河

大野泽

南宋、元故道
1128—1368

明清故道
1368—1855

[黄河夺淮示意图]

　　公元前 486 年，吴王夫差为北上中原争霸，开挖了沟通江淮的邗沟，以通粮道。此后这里逐渐得到开发，成为富饶的鱼米之乡。但到了宋金对峙时期的 1128 年，黄河南徙、夺淮入海，破坏了淮河下游的水道系统，里下河地区从此成了灾害频发的地区。里运河是京杭大运河其中的一段。京杭大运河是十分重要的漕运要道，历代政府为了保证漕运通畅，在遇到大水时，常常不惜打开里运河东堤的"归海五坝"，分泄洪水，把里下河地区变为滞洪区，致使该地区水灾不断，人民经常承受巨大灾难。

一之況狀作工石為埽改後復修口缺堤東樓軍攔河運郵高

[里下河历史上的灾害]

1931 年水漫高邮城（上图）

1934 年高邮运河缺口修复（下图）

[里下河历史上的灾害]

　　明清时期，江淮地区水灾频发，里下河受祸尤深。据《明史》《清史稿》河渠志有关统计，黄河在苏中、苏北溃决的次数为明代45次，清代47次，每隔几年就发生一场大水灾。历史上，洪泽湖、高邮湖的最高洪水位分别为16.9米和9.46米。《河渠纪闻》记载，康熙九年（1670）五月，狂风暴雨掀起的巨浪将高家堰冲决5丈多，塌陷石工60余段，"又漫翟坝而下，直注高宝湖，风水大涌，塌崩如雷，高、宝、泰田庐尽淹，而兴化以北无城郭室庐"。据《清史稿·河渠志二》统计，从顺治四年(1647)至同治五年(1866)，共决运堤14次，平均每15.6年一决。每次决堤，里下河均惨遭其害。"倒了高家堰，淮扬二府不见面"以及"一夜飞符开五坝，朝来屋上已牵船"的苏北民谚，形象地描绘了堰、堤决口对里下河的巨大危害。

[里下河历史上的灾害]

到了近现代，里下河及泰州地区水患也时有发生。

1931 年

1931 年夏秋之际，整个长江流域发生特大洪水，江淮并涨，运河河堤溃决，整个里下河平原汪洋一片，300 多万民众流离失所，77000 多人死亡，140 万人逃荒外流，淹没耕地 1330 万亩，倒塌房屋 213 万间。

1932 年

6、7 月特大洪水。兴化水位最高达 4.6 米，淹没耕地 1330 万亩，受灾 58 万户、35 万人，撤离 164 万人，死亡 7.7 万人。

1954 年

5、6 月特大洪水。5 月中旬起连降大雨，6 月下旬起江淮并涨，又有客水涌入，海潮顶托，靖江决口 169 处，泰兴圩堤近 50% 被冲垮，永安洲先后决口 90 多处，靖江、泰兴因灾死亡 168 人，受灾面积 127.8 万亩，倒塌房屋 7514 间。里下河地区受淹农田 129 万亩。

1991 年

1991 年特大洪涝。5 月 21 日入梅，7 月 16 日出梅。其中靖江梅雨量 819.2 毫米，超过 1954 年；泰兴梅雨量 867.4 毫米，是常年的 3.8 倍，是泰兴有记录以来梅雨期最长的一次；兴化梅雨量 1310 毫米，为常年的 5.7 倍。出梅后又发生 4 次暴雨袭击，长江靖江段有滑坡 39 处计 5000 米，裂缝 18 处计 3000 米，泰兴先后发生坍塌，坍塌面积达 6.1 万平方米，江堤裂缝 42 处计 5659 米，滑坡 7 处计 1350 米，5 处跌塘，4 处渗漏，26 座通江涵闸漏水。沿江地区一片汪洋，受灾农田 70 余万亩，粮食减收 25642 万公斤；倒塌房屋 7828 间，厂房 489 间，222 家企业被迫停产，276 家企业半停产，工业经济损失 5000 余万元，沿江地区直接经济损失 3 亿元。里下河地区受淹农田 181.55 万亩。

里下河水情教育

02

里下河的
河流湖荡

1 / 02

里下河腹部湖荡

[里下河境内]
湖荡密布、河道纵横

　　里下河腹部地区湖泊湖荡是里下河腹部地区重要的调蓄湖泊群，具有滞蓄洪水、引水排水、生态保护、交通航运、渔业养殖、旅游休闲等功能。

　　里下河湖区面积 695 平方公里，由约 40 个零散湖泊组成，主要有射阳湖、大纵湖、蜈蚣湖、郭正湖、得胜湖、广洋湖、平旺湖、官庄荡、乌巾荡、癞子荡、沙沟南荡等。荡滩高程一般为 0.53～0.73 米（0.70～0.90 米）（1985 国家高程基准，括号内为废黄河高程基准，下同），湖底高程一般为－0.17 米（0.00 米）左右。里下河湖区与里下河地区骨干河网相串联。湖区部分已圈圩建设进退水闸、滚水坝等设施。

图例
第一批湿滩圩
第二批府滩圩
第三批滩圩
92年后新圩
河流、湖泊水面
比例尺 1:300000

里下河地区湖泊湖荡的演变

6000 年前，长江、淮河分别在扬州、涟水一带入海。随着长江、淮河三角洲的伸涨，里下河东部滨海浅滩逐渐形成沙岗，海水不再漫浸，里下河地区成为潟湖地带。潟湖经后来泥沙继续封淤，在逐渐缩小的过程中远离海洋，其广袤水面被分割成大小湖泊和沼泽洼地，最大者为射阳湖，长 150 公里，宽 10 公里。

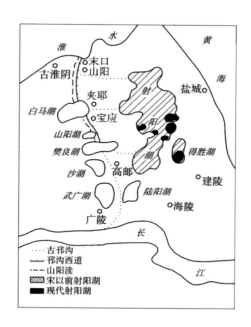

射阳湖古今对比

现今的大纵湖、蜈蚣湖、得胜湖、平旺湖、郭正湖、广洋湖等湖荡，在古射阳湖形成之初，均为其湖体的组成部分。后来，由于湖区本身沉积，尤其是来自黄河和淮河泛滥所注入的大量泥沙沉积，加速了这一古湖泊的衰亡过程，使其逐渐变小、解体，分化为许多大小不一的湖荡。

明代以前，里下河多为沼泽地带，自然港汊纵横分布，芦苇草滩一望无际。在清初以前，里下河腹部地区湖水面积达60%。20世纪50年代开始，随着沿海浚港建闸，里下河腹部地区水位降低，湖水面积也越来越小。湖滩地露出水面，使围垦种植和垛田种植成为可能。很长一段时期里，这是人们利用里下河地区湖泊湖荡的主要方式。

为了开发经济价值，圈圩养殖迅猛发展，成为人们开发利用湖泊湖荡的主要方式。围垦种植和圈圩养殖规模的逐步扩大与发展，又进一步加剧了湖泊的缩小和衰亡过程，并不断改变湖盆的形态。20世纪中期，里下河腹部地区0.5平方公里以上的湖荡有51处，湖荡滩地超1300平方公里；到20世纪60年代中期，尚有湖荡滩地1073.1平方公里，主要有射阳湖、渌洋湖、大纵湖、蜈蚣湖、郭正湖、绿草荡、乌巾荡、广洋湖、平旺湖、喜鹊湖等；到2005年，仅有湖荡滩地58.1平方公里，仅占1965年湖荡滩地总面积的5.4%，部分湖泊湖荡已经消失。2009年勘界设桩的里下河湖泊湖荡保护范围695平方公里，涉及大小湖泊湖荡41个。

27

[里下河腹部湖荡]
盐城大纵湖

盐城大纵湖

　　"半湾湖水千江月，一粒沉沙万斛珠。"大纵湖形成于南宋时期，有800余年历史，坐落在盐城市西南的大纵湖镇。大纵湖呈椭圆形，东西长9公里，南北宽6公里，总面积达30平方公里，是里下河地区最大、最深的湖泊，享有"苏北第一湖"之美誉。陆地与湖水错落交融，天然植被与盈盈绿水相映成趣，林草丰茂，碧波荡漾，水天相接，静雅灵秀。盐都区大纵湖旅游度假区中的芦荡迷宫面积约14.09万平方米，设计独具匠心，被上海大世界基尼斯总部评为"中国之最"。

盐城九龙口

　　盐城九龙口位于盐城、淮安、扬州三市交界处，面积约23.3平方公里，9条自然河流汇合于龙珠岛，形成"九龙戏珠"的复合水系。九龙口以其美丽动人的历史传说、万种风情的四季风光、多姿多彩的风土人情、得天独厚的自然资源赢得了中外游客的一致赞誉。

　　九龙口有九龙合力灭蟒除害的动人传说。九条河流从四面八方向荡心岛蜿蜒汇集而来，犹如九龙抢珠。这九条河分别是通往建湖、宝应、淮安、阜宁的蜒河、林上河、钱沟河、新舍河、溪河、莫河、涧河、城河、安丰河，它们的汇合处就在九龙口，此处万顷荡绿，满目水清，飞

[里下河腹部湖荡]
盐城九龙口

禽戏嬉，鱼虾遨游，令人心旷神怡。

　　然而这颗"里下河的明珠"，生态环境一度遭到严重破坏。对此，江苏省泰州引江河管理处积极协调推进该地的退圩还湖、水系连通、污水达标整治、湖区生态清淤等，使得湖区水面得以扩大，水质有效改善。九龙口还是国家湿地公园、国家4A级景区。

2 / 02

里下河地区的
河道

[里下河地区的河道]
泰州引江河

里下河腹部地区出入湖区有众多河道，并与里下河地区骨干河网相连。主要有属于"六纵六横"骨干河网的三阳河、大三王河、蔷薇河、戛粮河、卤汀河、下官河、上官河、沙黄河、西塘河、西塘港、盐靖河、泰东河、白马湖下游引河、杨集河、潮河、宝射河、大潼河、蟒蛇河、北澄子河、车路河等20条河道；还有市县级骨干河道东平河、横泾河、新六安河、子婴河、芦范河、宝应大河、营沙河、向阳河、杨家河、大溪河、海沟河、池沟、横塘河、盐河、白涂河、头溪河、大官河、新涧河、塘河、獐狮河、李中河、鲤鱼河、渭水河、兴姜河等42条河道。

[里下河地区的河道]
苏北灌溉总渠

苏北灌溉总渠

苏北灌溉总渠，从洪泽湖东岸高良涧节制
闸起，至扁担港入黄海，流经淮安市洪泽区、清
江浦区、淮安区，盐城市阜宁县、滨海县和射阳
县，长 168 公里。苏北灌溉总渠是新中国成立
后治淮工程中最早兴建的大型灌溉渠道，以引洪
泽湖水灌溉为主，结合行洪、排涝、航运、发电，
为淮河入海通道之一。河道设计行洪流量 800

立方米每秒，配合淮河入江水道、入海水道、分淮入沂等河道，使洪泽湖现状防洪标准达到100年一遇，保护里下河地区122.3万公顷耕地和近2000万人的安全。

苏北灌溉总渠分上、中、下游三段。高良涧闸至运东分水闸为上游段，高良涧闸为渠首工程，位于洪泽区高良涧街道洪泽湖畔，闸室旁立有清康熙年间铸成的镇水铁牛。高良涧于明代即形成湖畔集市，于清代成为堤防工程管理机关所在地。

里运河

里运河，北接中运河，上起淮安市淮阴区杨庄，向南至扬州经济技术开发区施桥镇六圩流入长江，流经淮安市区、宝应县、高邮市、扬州市区，长约 209 公里。里运河为国家南水北调东线输水通道，为京杭大运河二级航道。里运河沿线成为全国旱涝保收灌区之一，粮食单产由150 多公斤增加到 800 多公斤。沿线相继建成 11 处自流灌区，灌溉面积达 13 万多公顷。江都抽水站建成后，改用江水灌溉。

[里下河地区的河道]
里运河

　　里运河流经淮安市境 27.7 公里的古运河段, 开发了"南船北马""九省通衢"运河漕运历史游, 2005 年成为国家水利风景区。里运河所经河下古镇历史文化底蕴深厚, 入选首批全国 30 个重点保护历史文化街区。

[里下河地区的河道]
通扬运河与泰东河交汇处

通扬运河

通扬运河，西起扬州市江都区仙女镇，南至南通市市区木耳桥，流经扬州、泰州、南通3市8个县（市、区），河长191公里。

北面的一条为历史悠久的老通扬运河，起于扬州市湾头镇，经宜陵、泰州、姜堰、曲塘、海安、如皋而达于南通。最初称吴王沟、邗沟支道，后称古盐河、盐运河、南官运河等，1909年改称通扬运河，20世纪60年代初新通扬运河建成后又叫老通扬运河，距今已有2000多年历史，是通南高沙土地区最早的一条东西向河道。1957年之前，其水源为淮水，有淮河尾闾之称。

通榆河

　　通榆河，南起南通市海安市通扬运河河口，北至连云港市赣榆区柘汪镇；流经南通市的海安市，盐城市的东台市、大丰区、市区、建湖县、阜宁县、滨海县、响水县，连云港市的灌南县、灌云县、市区、赣榆区。通榆河长 376 公里，是苏北东部沿海地区人工开挖调水、航运的流域性河道，是苏北东部沿海地区的一项以水利为主，立足农业，综合开发的基础设施工程，也是江水东引、北调既定工程项目的一部分。

[里下河地区的河道]
通榆河

通榆河最终目标是建成一条南北水利水运骨干河道，引调长江水，改造中低产田，开发沿海滩涂，结合通航，冲淤保港，调度排涝，改善水质和生态环境，为建设港口和港口电站提供淡水资源。

[里下河地区的河道]
串场河

串场河

　　串场河俗称下河，贯穿江苏中部盐城市三分之二市域。南起南通市海安市，北至盐城市阜宁县，长约170公里。串场河是里下河地区与垦区之间纵贯南北的人工河道，汇归里下河众水后，分别经范公堤18闸入海。串场河初为唐代修筑海堤时形成的复堆河，是盐文化的摇篮。从宋代开始，沿新修捍海堤（世称范公堤）一线有富安、安丰、梁垛、东台、何垛、丁溪、草堰、小海、白驹、刘庄等盐场，因复堆河将这十大盐场串联起来，所以称串场河。

[里下河地区的河道]
卤汀河

卤汀河

卤汀河，地跨泰州和扬州两市的海陵区、姜堰区、兴化市和江都区，是具有引、排水功能的骨干河道和五级航道，自新通扬运河黄垛至兴化城南，长约50公里，集水与排涝面积250平方公里，原河底宽20～50米，河底高程－1～－2米，河口宽70～200米。设计与实际防洪标准在兴化与江都分别为10年和50年一遇，设计排涝标准10年一遇，有效灌溉面积8528.8公顷。沿线涵闸59座，总规模23立方米每秒；沿线泵站27座，总规模27.6立方米每秒。

　　卤汀河地处里下河水网圩区，地势平坦，土质黏，地面高程 2.0 ～ 4.0 米。其水系南起泰州，经兴化城向北，东支为上官河，至兴盐界河由朱沥沟入新洋港；西支为下官河，至严家庄北入东塘河，经射阳河、黄沙港入海。

　　卤汀河，旧称浦汀河、海陵溪、卤淋河。《淮系年表》载"乾隆前为湖荡，后成河。"历史上，卤汀河除排水外，还具有盐、漕运功能。清道光九年（1829）挑浚卤汀河。

　　2010 年 9 月，作为南水北调东线工程里下河水源调整的关键工程，卤汀河拓浚工程开工，工程主要作用是通过河道疏浚，扩大河道输水规模，抬升兴化水位，保证 宝应站北调水位和向里下河北部地区稳定供水。工程段河道总体为南北走向，南起 泰州引江河出口，北至兴化上官河，全长 55.9 公里，河底宽 40 米，河底高程－5.5 米， 经过泰州市的海陵区、姜堰区、兴化市、扬州市的江都区。工程主要建设内容包括 疏挖河道、堤防填筑、河坡护砌、支河拉坡处理、修建跨河桥梁、加固渡口、排泥场影响工程、水保、环保等。工程静态总投资 22.3 亿元，2015 年实施完成。

里下河

水情教育

03 里下河的治理

古代浚治

新中国成立后的里下河治理

1 / 03

古代浚治

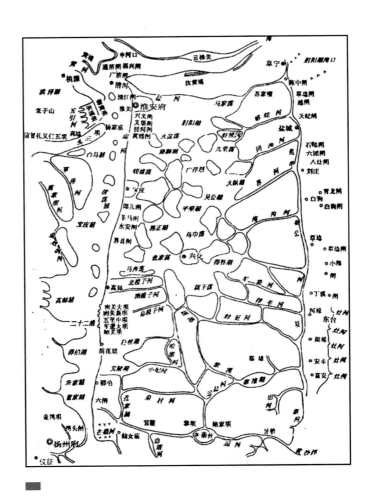

[清代里下河水系图]

据《宝应图经》记载，公元前 5 世纪末开邗沟，自江都穿射阳湖至末口（今淮安）入淮；公元前 2 世纪又开运盐河自茱萸湾通海陵仓至如皋蟠溪，里下河西缘及南缘始有人工水道贯通。

唐大历元年至四年（766－769）沿沙岗筑常丰堰御潮，煮盐业迁至堰外，区内农业开发渐盛。

北宋末，东部沿常丰堰加筑范公堤，并在盐城北门、东门置闸挡潮泄水；西部里运河堤防全线形成并建石磀 10 余座；中部多次拓浚自高邮经兴化至盐城的南北塘，并筑堤围田，区域四界渐趋明确，陆续整治内部河道，加快了筑堤围田的步伐。

黄河夺淮初期，黄淮洪泛较少溃入里下河。射阳河排水通畅，新洋港、斗龙港形成，运西来水通过运堤闸并汇该地区的涝水入海。明万历年间，黄河开始南泛射阳河。淮水逐渐南下，高堰、运堤时有溃决，里下河地区逐步成为淮河下游滞泄洪区。虽然里下河地区水面广阔，耕地仅占四成（清靳辅估计），调蓄余地大，但入海渐趋不畅，曾多次浚治射阳河及其支河，疏导牛湾河、龙开河(斗龙港)、姜家堰（新洋港）以及白驹、小海、丁溪、草堰等入海口，先后在范公堤上建成 18 座涵闸。

清初，高堰、运堤决溢日频，不得不建减水闸坝，导淮入江、入海。由于固定口门向里下河泄放淮河洪水，湖荡河沟淤淀严重，加之海涂东伸海口高仰，退水入海更为困难。

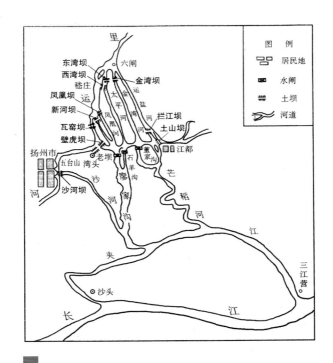

[清代里运河归江十坝示意图]

　　清康熙、乾隆年间，不断开挖归海坝下引河，疏导泄水河道，浚治入海口门、扩建挡潮涵闸，以备泄水归海，并由串场河贯通调节各河水量。运堤开泾河附近归海坝，洪水大致由射阳河经庙湾入海；开子婴等坝大都出天妃闸由新洋港入海；开五里、车逻等坝由草堰、白驹入海；开昭关等坝由何垛河、丁溪入海。每遇开放归海坝，里下河地区"巨浪拍天，波高及屋""鱼游城关，船行树梢"，诸河无力宣泄，积水数月不退。

　　为此，结合浚河、修筑圩堤等手段保局部民田。清乾隆、嘉庆时，大力圈筑圩围，疏通沟洫，以求形成"表里相维、高深相就、经纬相制"的圩田布局。乾隆五年（1740），大修山阳、阜宁、盐城、江都、甘泉、高邮、宝应、兴化、泰州等九州县河渠两岸田圩，堤高四尺、底阔八尺、顶宽二尺；八年（1743），筑盐城合陇堆圩、护陇堆圩，每个圩的面积均在 10 万亩以上。嘉庆十九年（1814），高邮兴建圩围，兴化创合塔圩，围百余里。光绪十三年（1887），修高邮 6 圩、盐城 82 圩、兴化 8 圩, 盐城筑新圩 12 处, 兴化筑新圩 2 处。

民国初年, 多次测量里下河地区归海河道, 并局部疏浚。

1921 年, 淮河大水, 开归海三坝, 大水壅积不消。汛后, 开挖王港尾闾新河、浚新洋港天妃闸下浅段。

1931 年再发大洪水, 开归海坝后, 里运河东堤又决口 26 处, 兴化 (梓辛河) 水位高达 4.6 米。里下河淹没农田 1330 万亩, 灾民 350 万人, 死亡 7.7 万人。当年冬季, 疏浚里下河各港工程动工, 先后局部疏浚了新洋港、何垛河、竹港、王港、斗龙港、黄沙港等入海河道。

1933 年建川东闸、下明闸。1934 年建王港闸、竹港闸。各县相继疏浚了内部干河。

抗日战争期间, 多处内部河港打坝阻断交通。1943 年, 抗日民主政权曾发动群众修圩浚河。归海坝虽不再开放, 但里下河地区涝灾仍十分严重, 当时里下河腹部地区虽有 51 个湖荡 (大小为 0.5 平方公里以上湖荡计 1024 平方公里) 及圩外河沟 (计 505 平方公里) 共 1529 平方公里可供滞蓄涝水, 但由于主要排水干河射阳河、新洋港、斗龙港淤浅, 海口不畅, 潮水顶托, 泄量不足, 加上垦区来水抢占河槽, 导致退水缓慢。

[清乾隆时里运河经归海五坝位置图]

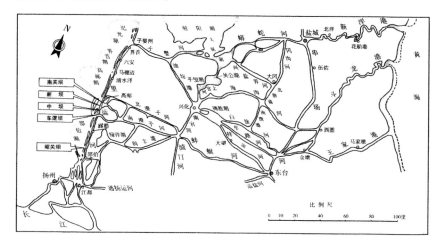

2/03

新中国成立后的里下河治理

[里下河治理]
射阳河闸

1950 年，加固里运河河堤、封闭归海坝，初步解除了里下河外部的洪水威胁。1951 年 11 月开挖苏北灌溉总渠，于 1952 年 5 月完成，截走了渠北地区来水；内部清除明坝暗垾 2000 多处，疏通水系。

1954 年，汛期普降暴雨，江淮流域发生特大洪水，高邮湖最高水位 9.38 米。在省委、省政府发出确保里下河地区的号召下，不但全力防守运河大堤，避免了洪水东犯，而且堵闭了通扬运河北岸及串场河南段西岸口门，"滴水不入里下河"。

1955 年，治淮委员会编制了《淮河下游里下河区域排水挡潮规划》，并列入《淮河流域规划报告》，里下河地区除涝工作进入了全面治理阶段。规划提出：减少腹部地区受水面积，滨海临江地区直接排水入海入江；疏浚射阳河、斗龙港、新洋港，兴建挡潮闸，增加排水量，必要时增辟黄沙港；尽量利用河湖水面调蓄涝水，兴化水位汛前降至 1.2 米，控制汛期最高水位 2.3 米；整治内部河道，普修圩堤，提高抗涝能力等 4 个方面工程措施，随即陆续实施。同年，扬州专署水利局召开会议总结联圩并圩经验，提出在不妨碍流域规划和不打乱原有水系的原则下适当联圩并圩，圩内分匡隔岸，高低分开，全区陆续开始实施。

1956 年，建成射阳河挡潮闸，1957 年建成新洋港挡潮闸。垦区大规模调整水系、挖浚河道，改原来向西排入里下河地区为向东直接出海，为实行与里下河地区分区排水创造了条件。

1958 年开展水利河网化，改造老河网，建立新水系，大规模联圩并圩。先后开挖盐靖河、渭水河、雌港、二里大沟、南关大沟、野田河、三阳河、新通扬运河、通榆河等骨干河道。计划通榆河自南通至赣榆，全长 415 公里。该河于 1958 年冬开挖，其中南起新通扬运河北至阜宁县射阳河的河段长 157 公里，动员 15 万人开挖土方 2800 万立方米；陈家圩至何垛河的长 28.7 公里一段基本成河，何垛河至射阳河的长 128.3 公里一段未能成河。新通扬运河以南、通榆河以东以及渠北共截走 4500 平方公里高地来水，改变了里下河"四水投塘"

的局面。但内部河道及联圩工程规模较大，1960年，工程相继停工，新河网未成，部分老水系被打乱。在研究苏北引江灌溉工程过程中，提出了利用江都站抽排里下河涝水的方案，省水利厅编制了《里下河水利规划补充资料》。1961年1月，江都抽水站第一站开工。

1962年9月1日至9日连续遭遇13号、14号台风袭击，全区80%的圩子破圩，沿圩"水连天、天连水、水天一色"，773万亩农田受灾。11月，省水利厅编制《里下河地区水利规划报告》，提出涝、淤、旱、盐综合治理，解决内涝和水源统一规划，引水冲淤保港，扩大干河入海泄量和抽水外排能力；修圩浚河，恢复内部水系，控制兴化最高水位2.5米，以防御1962年型涝灾。当年冬季，全区开始大规模修复圩堤，浚河通水。圩区治理提出"高筑圩、深挖沟、机电排"，圩堤顶高程按3.6米、顶宽1米的标准加固。到1965年，机电排水动力增加到9.92万千瓦。原有2.3万个小圩经联圩并口，减少到1.35万个。1963年3月江都站第一站建成，抽水能力64立方米每秒，当年开机20天，首次抽排1.02亿立方米涝水入江。

1964年，江都第二抽水站建成；1965年拓浚新通扬运河，达到抽排涝水120立方米每秒的能力，使里下河南部1250平方公里地区排水不再迂回曲折入海。

全区外排能力增加到 880 立方米每秒，其中三港排水入海平均达 760 立方米每秒。

1966 年 12 月，省水利厅出台《苏北里下河地区水利修订规划报告》，在治涝方面强调以圩堤为基础，巩固排涝阵地，发展机电排水，扩大入海入江出路，降低圩外水位，做到"挡得住、排得出、降得快"。按照规划，全区圩堤顶高程按 4 米、顶宽 1.5 米的标准逐年进行加固，联圩并圩继续进行，开始兴建圩口闸，发展机电灌排，兴建低扬程坞工泵站。

1965 年 11 月开始进行斗龙港整治，对斗龙港上游进行改造，将原西团至头总河段的斗龙港支河，称作老斗龙港。整治后的斗龙港由盐城孙同庄兴盐界河至斗龙港闸，全长 55.5 公里，底宽 45 ～ 90 米，该工程于 1967 年 3 月竣工。1966 年建成斗龙港闸，共 8 孔。斗龙港整治后，日均排水量由 1965 年的 50 立方米每秒增

[里下河治理]
斗龙港闸

加到 200 立方米每秒。

1969 年江都第三抽水站建成，新通扬运河又进行了第三次拓浚，江都 3 个站可达到抽排涝水 250 立方米每秒。同年东台在通榆河东建成安丰抽水站，又相继建成通榆河东的富安、东台、草堰三座抽水站。

在扩大外排能力的同时，内部骨干河道陆续整治。1971 年冬全面整治黄沙港，同时建黄沙港新闸，共 16 孔，设计日平均排水流量 200 立方米每秒，成为里下河地区的骨干河道。20 世纪 70 年代初，里下河地区已形成射阳河、新洋港、斗龙港和黄沙港的四港排水入海格局，其外排能力扩大到 1677 立方米每秒，其中四港入海总达 1427 立方米每秒，江都站抽排流量 250 立方米每秒，另通榆河东安丰等站还可辅助抽排涝水。

1974 年，江苏省治淮指挥部再次对里下河治理进行全面规划，提出《里下河地区水利规划报告》。规划采取上抽、下排，扩大入江入海出路，分清水系，分区分级控制，预降内河水位，控制地下水位等措施。骨干工程计划举办"一河、三片、三线、三站"，即新开三阳河，建三阳河、淮阜河、海安河三个控制片，整治射阳河、新洋港、斗龙港，建江都、大汕子、泰州三座抽水站。

1975年开始建江都第四抽水站；浚治三阳河（北至三垛镇），排水达300立方米每秒；1979年11月，第四次拓浚新通扬运河，到1980年2月完成，排涝能力达500立方米每秒。里下河西片涝水可直接由三阳河南下进入江都站抽排入江。

1950年、1957年、1958年与1971年分别进行新洋港局部裁弯疏浚。1975年开始，又连续3年进行新洋港整治。整治工程西起盐城九里窑，东至射阳新民河口，长23.4公里，河底宽80～200米，河底高程－4～－6米。

射阳河是里下河地区排水入海的最大河道。该河历史上虽进行过局部治理，但河道弯曲，潮水顶托，泄量不大。1980年对闸下东小海段作了裁弯，开新河7.5公里，使闸下引河从31公里缩短为15公里，日平均流量恢复到380立方米每秒。射阳河经整治后，干河全长161公里。

在扩大外排能力的同时，内部拓浚干河，继续以河定向、调整圩口，按兴化圩堤顶高程4米、顶宽3米的标准加固圩堤。到1981年，全区圩子合并为2400个，圩内动力增加到43.4万千瓦；外排出路增加到2017立方米每秒，其中四港自排1427立方米每秒、抽排590立方米每秒。

[里下河治理]
新洋港

　　至 20 世纪 80 年代初，里下河地区经 30 年系统治理，圩区除涝标准不断提高，外排涝水能力有所扩大，上抽下排格局基本形成，但内部河网滞蓄能力严重下降。据 1965 年调查统计，圩外湖荡和河网滞水面积有 1700 平方公里，而 1981 年调查得出仅剩下 800 多平方公里，相当于减少了一半，其中湖荡被围 500 平方公里，联圩占圩外河网 300 多平方公里。滞水面积减小，加上圩内动力迅速增加，一遇暴雨，圩外水位由历史上的"下一涨三"变为"下一涨六、涨七"。

　　针对这种情况，1981 年省水利厅在《里下河腹部地区修订水利规划报告》中提出"上抽、中滞、下排"的治理原则，在加固加高圩堤、巩固排涝阵地的同时，扩大滞蓄面积，减缓圩外水位上涨速度。此后，圩堤加固和圩口闸建设步伐加快，由于国家基建投资压缩，上抽下排骨干工程未按计划实施。扩大滞蓄面积的计划没有实行，湖荡围垦的开发却有发展。

　　1986 年省水利厅在修订淮河流域规划过程中，对里下河除涝状况进行了分析，认为若未实施扩大上抽下排工程，则兴化水位将达 3.38 米。为此，省水利厅规定现有 348 平方公里湖荡不准再围垦，已围垦的 643 平方公里面积中划出 247 平方公里滞涝（余 396 平方公里作为特大涝年预备滞涝区），合计湖荡滞涝面积 595 平方公里；滞涝围垦区作为副业圩，采取矮圩高网和圩口网坝两种方案，兴化水位 2.5 米、建湖水位 2.3 米时开始滞涝。

到 1987 年，里下河圩区有圩子 2487 个（扬州 1390 个、盐城 909 个、淮阴 63 个、南通 125 个），圩田面积 679 万亩，圩堤长 1.66 万公里，建圩口闸 5444 座，其中 80%的圩堤能防御历史最高水位，但圩口闸配套不足 60%。内部骨干河道达到兴化水位 0.8 米引水通航要求，并基本形成"五纵六横"布局。纵向河道有三阳河—大三王河—潮河，卤汀河—沙黄河—戛粮河，茅山河—唐港河，盐靖河，泰东河—通榆河等 5 条。横向河道有白马湖经地涵引河—射阳河，宝射河—黄沙港，潼河—蟒蛇河—新洋港，潼河—兴盐界河—斗龙港，北澄子河—车路河，新通扬运河等 6 条。

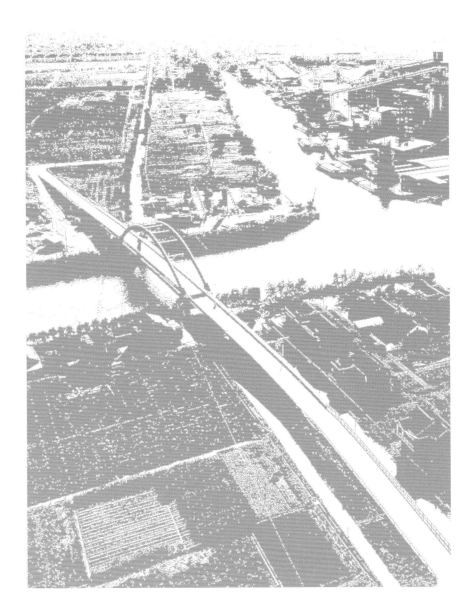

新中国成立后里下河地区治理主要事件表

1950 年	加固里运河堤、封闭归海坝，初步解除了外部洪水威胁
1951 年 11 月	开挖苏北灌溉总渠
1955 年	治淮委员会编制了《淮河下游里下河区域排水挡潮规划》，并列入《淮河流域规划报告》，里下河地区除涝工作进入了全面治理阶段
1956 － 1957 年	建成射阳河挡潮闸，1957 年建成新洋港挡潮闸。垦区大规模调整水系、挖浚河道
1958 年	开展水利河网化，改造老河网，建立新水系，大规模联圩并圩。开挖新通扬运河
1960 年	提出了利用江都站抽排里下河涝水的方案，省水利厅编制了《里下河水利规划补充资料》
1961 年 1 月	江都抽水站第一站开工
1962 年 11 月	省水利厅编制《里下河地区水利规划报告》，提出涝、淤、旱、盐综合治理，解决内涝和水源统一规划，引水冲淤保港，扩大干河入海泄量和抽水外排能力；修圩浚河，恢复内部水系
1964 年	江都第二抽水站建成
1965 年	拓浚新通扬运河；开始进行斗龙港整治
1966 年	12 月，省水利厅提出《苏北里下河地区水利修订规划报告》，在治涝方面强调以圩堤为基础，巩固排涝阵地，发展机电排水，扩大入海入江出路，降低圩外水位，做到"挡得住、排得出、降得快"。同年建成斗龙港闸
1969 年	江都第三抽水站建成，新通扬运河又进行了第三次拓浚
1971 年	全面整治黄沙港；形成射阳河、新洋港、斗龙港和黄沙港的四港排水入海格局
1974 年	江苏省治淮指挥部提出《里下河地区水利规划报告》，规划采取上抽、下排，扩大入江入海出路，分清水系，分区分级控制，预降内河水位，控制地下水位等措施
1975 年	建江都第四抽水站；开始连续 3 年进行新洋港整治
1979 年 11 月	第四次拓浚新通扬运河
1980 年	射阳河整治
20 世纪 80 年代初	里下河地区上抽下排格局基本形成，但内部河网滞蓄能力严重下降
1981 年	省水利厅在《里下河腹部地区修订水利规划报告》中提出"上抽、中滞、下排"的治理原则，要扩大滞蓄面积，减缓圩外水位上涨速度
1986 年	省水利厅在修订淮河流域规划过程中，对里下河除涝状况进行了分析，规定现有 348 平方公里湖荡不准再围垦，已围垦的 643 平方公里面积中划出 247 平方公里滞涝，合计湖荡滞涝面积 595 平方公里
1987 年	里下河圩区有圩子 2487 个，内部骨干河道达到兴化水位 0.8 米引水通航要求，并基本形成"五纵六横"布局

里下河
水情教育

04

里下河的引江工程

建设历程

世纪工程

工程一览

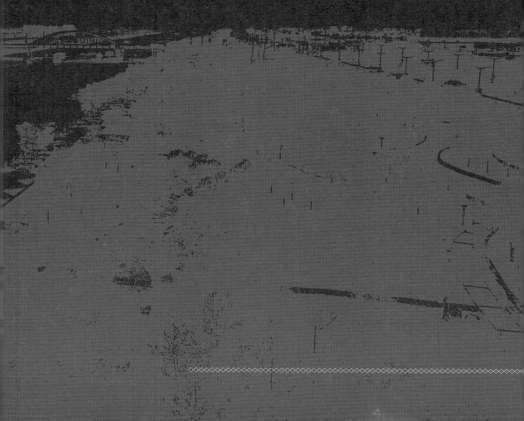

1/04

建设历程

江苏引江工程历史悠久，早在春秋时期开挖的邗沟，即引江水向北通航至淮安末口入淮。唐宋时期，在邗沟上兴建各种堰、埭、坝、闸等建筑物，实行渠化通航。旱时，利用扬州五塘蓄水济运；水枯时，则由江中车水济运。宋宣和三年（1121），曾"诏发运副使赵亿以车畎水运河"（《宋史·河渠志》）。黄河夺淮后，淮河入海尾闾被占，河床淤高，里运河承担部分洪水入江，引江历史暂中止。

[引江河工程建设场景（一）]

1956年，在淮河水利委员会组织上中下游三省研究制订《淮河下游流域规划》和《苏北地区规划》时，便酝酿面向长江引水。

1958年，江苏省水利厅编制《江苏省水利规划提纲》，规划"引江济淮，江水北调"，与国家"南水北调"（东线）规划紧密结合。江水北调工程，最初规划就有江都和泰州两个源头，一西一东，各占"半壁江山"，既可抽引江水，又可自流引江。

1958年，泰州引江河被正式纳入江苏省水利规划并于当年冬季开工，动员20万人，平地开挖60万立方米土方后因种种原因停工。

1960年，省水利厅编制报送了《江水北调东线江苏段工程规划要点》和《苏北引江灌溉电力抽水站设计任务书》，决心依靠自己力量，扎根长江，江淮水并用，加快扩大水源的步伐，采取抽引江水和自流引江并举，"八级提水，四湖调节"，把江水一直调到淮北，较好地解决苏北用水矛盾，以解决苏北农田灌溉、冲淤保港问题。

1969年11月，国务院成立治淮规划小组，江苏省水电局抽调人员组成淮河规划组，提出《江苏省淮河地区骨干工程规划治理意见》，要求开挖泰州引江河，自流引江250立方米每秒。泰州除已建新通扬运河自流引江外，在南官河西增开引江河。

1983年6月，江苏省水利勘测设计院提出《南水北调东线第一期工程江苏段规划意见》，提出开辟泰州引江河纳入南水北调东线体系，提高北调东引能力。

1994年9月16日，江苏省人民政府向国务院报送《关于要求批准泰州引江河工程立项建设的请示》。

1995年，江苏省委把泰州引江河工程列入省重点建设项目。同年5月12日，《泰州引江河工程可行性调研报告》通过水利部技术审查，环境影响评估报告由国家环保局批复同意，国家计划委员会于1997年12月批复。1995年11月25日，泰州

[引江河工程建设场景（二）]

引江河试挖段开工典礼在刁铺镇（今刁铺街道）举行。

1958 年开工又停工的泰州引江河工程于 1996 年正式重新开工，被列为全省重点建设的跨世纪水源工程，规划 3 年建成。

泰州引江河为平地开河，全部采用机械化施工。河道表层土方用铲运机施工，下层土方采用水力冲挖机组施工，泥浆泵吸运吹填至堆土区。

1996 年 10 月，实施试挖段以南 5.8 公里河道工程。

1997 年 6 月和 12 月，中段 8 公里和北段 8 公里河

道工程先后开工。

　　1998年8月，全面完成河道工程建设，同年12月28日，举行引江河初通水和通航仪式。

　　1999年9月28日，泰州引江河工程竣工典礼暨庆功表彰大会在高港枢纽东侧广场举行。

　　2012年12月18日，省水利厅举行泰州引江河第二期工程开工动员会议。

　　2015年7月1日，二线船闸通过省水利厅组织的投入使用验收。

　　2016年12月16日，泰州引江河第二期工程通过省水利厅组织的竣工技术预验收。

2/04

世纪工程

　　泰州引江河是江苏省东部地区引江供水口门，也是南水北调东线的水源工程之一。引江河工程位于泰州市与扬州市交界处，南起长江，北接新通扬运河，全长24公里。一期工程河底高程－3～－3.5米，平均挖深8米，河底宽80米，过水能力300立方米每秒；二期工程河底高程挖至－5～－5.5米，过水能力提高到600立方米每秒。工程总投资18.86亿元人民币，是一项引水为主，综合灌溉、排涝、航运、生态、旅游等功用的苏北地区发展和实施沿海开发战略的基础设施工程。

泰州引江河

泰州引江河的建成，增加了南水北调的供水能力，提高了里下河地区和通南地区的灌排标准，促进了苏北地区的航运发展，为苏北地区改善水质、沿海冲淤保港、实施滩涂开发提供了充足水源。其主要功能有以下几点。

一是扩大江水北调能力。泰州引江河高港枢纽是南水北调东线工程的一个引江口门，引入长江水，经新通扬运河、三阳河、潼河，由宝应站抽入里运河向北送。作为南水北调东线的加力站，引江河能增加南水北调的送水量200立方米每秒。

二是向苏北地区供水。高港枢纽可自流引水600立方米每秒，或抽引江水300立方米每秒，经泰东河、通榆河、卤汀河等送水骨干河道，将长江水源源不断地东引、北调至沿海垦区和各个灌区，受益耕地达300万公顷。同时，通过送水河，向通南地区供水100立方米每秒。

三是抽排里下河涝水。里下河腹部地区面积1.16万平方公里，耕地约70万公顷，是江苏的商品粮基地，也是有名的"锅底洼"，洪涝不断。如今，当里下河地区出现洪涝时，高港枢纽可抽排涝水300立方米每秒下泄入江，提高了该地区的防洪排涝标准。同时，通过调度闸、送水闸的控制，还可为泰州市通南地区2000平方公里范围内的排涝服务。

四是促进航运发展。泰州引江河水面宽、河道直，可行千吨级船舶，是一条从长江到泰州的水上高速公路。泰东河拓浚后，沟通了里下河和东部沿海地区，形成一条长300公里的Ⅲ级航道，实现了江海联运，加速了物资流通，振兴了区域经济，成为一条辐射苏中和苏北地区的"水上高速公路"。

五是改善生态环境。泰州引江河干流可基本保持长江水质，达Ⅱ类水质标准，并实施了高标准的水土保持和绿化防护工程，绿化面积达500多万平方米，形成了生态环境美、经济效益佳的国家级旅游景区。

3 / 04

工程一览

[里下河工程]
高港枢纽

高港枢纽

　　泰州引江河管理处位于"汉唐古郡、淮海名区"的历史文化名城泰州。引江河标志性工程——高港枢纽，由泵站、节制闸、调度闸、送水闸、船闸以及 110 千伏专用变电所组成，建筑整体气势恢弘，设施先进，功能完善，实现了抽引灌溉、抽排防洪双向调节，为水资源调控提供了保障。2016 年泰州引江河第二期工程顺利

竣工，进一步提升了工程效益。近年来高港枢纽年平均引江水约 30 亿立方米，江水通过引江河流向苏北地区、东部沿海地区及里下河地区，流量可达 600 立方米每秒，受益耕地达 300 万公顷。长江水通过高港枢纽，由宝应站抽入里运河北送，把江水源源不断地送往水资源缺乏的北方地区；高港枢纽可抽排里下河腹部地区涝水下泄入江，确保江淮地区安澜兴盛。

引江河河道

泰州引江河河道南起长江口，北到新通扬运河，全长24公里，为Ⅲ级航道，可行千吨级船舶。由于水面宽、河道直，形成了一条从长江到泰州的"水上高速公路"。泰东河拓浚后，又能沟通里下河和东部沿海地区，实现江海联运，加速了物资流通，振兴了区域经济。

河道两岸绿化面积达到500多万平方米，种植各类乔灌木175种、200万株，形成了天然的植物科普园。通过乔、灌、草相间，色、香、

[里下河工程]
引江河河道

　　形结合，春草、夏花、秋叶、冬果四级景色调和，形
成了"桃李争春、绿荫护夏、枫叶染红、红梅暖冬"
的景观。

[里下河工程]
泵站

泵站

泵站安装立式开敞式轴流泵 9 台套，叶轮直径 3 米，配套电机 2000 千瓦，总装机容量 18000 千瓦，根据运行要求，泵站有抽引、抽排两种工况，设计抽水能力在两种工况时均为 300 立方米每秒。在长江高潮位时，利用主机下层流道可实现自流引江，自流引江能力 160 立方米每秒。泵站采用双层矩形流道，流道分上下两层，底层为进水流道，上层为出水流道，通过闸门控制可实现双向抽水。

科技创新

泵站信息管理系统（PIS）是实现集泵站实时运行监视、泵站调度运行管理、设备台账、缺陷管理等多方面功能于一体的、功能全面的泵站信息管理软件系统。

高港闸站三维可视化系统利用计算机强有力的数据处理功能和高效率的图形显示能力，揭示了系统内部静态空间布置及动态行为特征，为工程控制和管理提供了更加直观和有效的方法。

治水宏图

水是自然之流，生命之源，产生和孕育了人类文明。世间万物既托庇于水的滋润，亦惧怕于水的喜怒无常。为了子子孙孙的风调雨顺，现代水利人揭开了这一幅壮丽的画卷——航船扬帆启程，仙鹤展翅翱翔，红日折射金光，绿树成荫，碧波荡漾，田野披翠，风景如诗如画，大地一片繁荣昌盛。长江之滨崛起高港枢纽，气势磅礴，蔚为大观，北调东引，旱涝兼治，泽被后世，是一块永远耸立在人们心中的丰碑。

[里下河工程]
《治水宏图》壁画

[里下河工程]
船闸

船闸

  高港船闸是江苏沿海大开发战略中水利基础设施建设重点骨干工程。一线船闸闸室长度为 196 米，宽 16 米，槛上水深 3.5 米。闸首建筑为"叠帆月影"造型，闸首分别设置四座"帆"形结构控制楼。二线船闸位于一线船闸西侧，闸室长度 230 米，宽 23 米，槛上水深 4 米。醒目矗立的高港船闸犹如迎风招展的巨帆，与引江河中的列列船队相映成趣。高港一线、二线船闸可放行千吨级船舶，随着沿线航道的开拓，里下河和东部沿海地区间架起了一条长 300 公里的水上航道，加速了区域物资流通，推动沿线经济联动发展。

动力管理一处

　　江苏省灌溉动力管理一处与江苏省泰州引江河管理处实行"两块牌子、一套班子"管理模式，两处合署办公。整改后的动力管理一处主要承担全省里下河地区防汛机动抢险、河湖管理、水利防汛、物资仓储以及拉马河闸管理等职能。

　　走进位于泰州市新通扬运河畔的动力管理一处，只见水环三面，池弯桥曲，颇有水城韵味。在这里你可以看到，花丛绿茵映衬着现代典雅的办公楼，随时待命的防汛机船整齐排列，设备修理车间井然有序。

[里下河工程]
动力管理一处

里下河

水情教育

05 里下河的人文

里下河的诗词

水利景区

枢纽名胜

1 / 05

里下河的诗词

明嘉靖二十年（1541），黄河决口，淮河泛滥，沭河大水。淮南与里下河春大水、夏旱蝗、秋雨水。

河　决　歌

〔明〕王崇献

八月九日河水溢，贾鲁堤防迷旧迹。
涓涓起自涧谷间，顷刻岸奔数千尺。
我行见此殊衔恤，观者如堵咸股栗。
怒气喷却九天风，声若万雷号镇日。
晡时东注如海倒，平原千里连苍昊。
人家远近百无存，禾黍高低村一扫。
人民湛溺不知数，牛羊畜产何须顾。
仓皇收拾水中粮，拟向他乡度朝暮。
每思山东富庶乡，百年生育荷吾皇。
哀哉河伯何不仁，忍使一旦成苍茫。
闻道当年瓠子河，兴卒十万功不磨。
况复曹南水势雄，庙堂发策当如何？

君不见东村子父兮救子父先死，
又不见西村女母兮母女相持死不已。
安得治河最上策，流泪匍匐献天子？

清康熙十五年（1676），黄、淮并涨，黄水由清口倒灌洪泽湖，决洪泽湖大堤，武家墩、高家堰、高良涧等处。黄水与淮水合流，冲开里运河清水潭、江都大潭湾、邵伯运堤等处，里下河水深以丈计。

"五月，黄水灌清口，决武家墩，由永济河历杨家庙入运河，又决高家堰、高良涧、板石工三十余处。运河决淮安之山东厂，高邮之陆漫沟、清水潭，江都之大潭湾、四浅、竹林寺、邵伯等处，残缺不可胜数。"

——《淮系年表》

悯 水

〔清〕张养重

高堰如城水如贼，年年防水水莫测。
丙辰五月雨十日，波撼长城守不得。
洪水倒注势可骇，桑麻到处成沧海。
蛟龙得意占民居，饱餐人肉甘于醢。
尸骸遍野谁人收，数口绳牵逐乱流。
白料偕亡无计脱，骨肉尚冀同一丘。
间有巢林与升屋，或存或坠俱枵腹。
不食三日亦饿死，性命悬丝更残酷。
昔闻此水高于城，城郭人民昼夜惊。
古人淫祀沉苍璧，郡门投契洪流平。
谁云此事绝新奇，厌胜之术古有之。
圣贤捍御大灾患，堤防疏导能先期。

鸣呼！

城郭人民尔莫舞，而今四境无干土。
皇天夺尔衣食资，饥寒侧目皆豺虎。

清康熙十七年（1678），黄、沂泛决，淮河洪、涝、旱、蝗相继成灾，里运河大水，开"归海坝"三座。

清康熙十九年（1680），淮、黄并涨，泗州城陷没，里运河溃决，江南、江北洪涝并发。

河 水 决

〔清〕汪懋麟

黄河冲决淮河荡，白马湖中千尺浪。
淮阴城郭云气中，远近田庐水光上。
人行九陌皆流水，螺蚌纷纷满城市。
筑岸防堤急索夫，里中徭役齐追呼。
当家出钱贫出力，触热忍饥不得食。
十日筑城五尺土，明日崩开十丈五。

泗 水 患

〔清〕许凌云

多半支祁锁未坚，茫茫浩浩又滔天。
大风陡起三篙浪，小屋如浮一叶船。
夹岸芦丁花是壁，依沙舫子水为田。
劝君莫把清贫厌，菱角鸡首也度年。

"清康熙二十二年，淮河大水，开高良涧减水坝六处，淮阴、南通与太湖地区雨涝损苗。沛县先旱后水。高邮大水，淹田。兴化大水。"

康熙二十三年（1684），康熙第一次南巡过高邮湖，目睹居民田庐被水淹时，登岸察访。

————《淮系年表》

高邮湖见居民田庐多在水中，因询其故，恻然念之

〔清〕爱新觉罗·玄烨

淮扬罹水灾，流波常浩浩。

龙舰偶经过，一望类洲岛。

田亩尽沉沦，舍庐半倾倒。

茕茕赤子民，栖栖卧深潦。

对之心惕然，无策施襁褓。

夹岸罗黔黎，跽陈尽耆老。

谘诹不厌频，利弊细探讨。

饥寒或有由，良惭奉苍颢。

古人念一夫，何况睹枯槁。

凛凛夜不寐，忧勤怒如捣。

亟图浚治功，拯济须及早。

会当复故业，咸令乐怀保。

清乾隆七年（1742），淮河泛决，沭河大水，里运河水涨，开决高邮、邵伯各闸坝，苏北里下河一片汪洋，淮南、丰县、高淳雨涝。是年，洪泽湖最高水位14.40米。

勘　灾　行

〔清〕王敛福

重阴作雪岁云暮，长淮南北犹问渡。

朔风吹沙扑面飞，役车不休急民务。

屠维纪岁历摄提，八年之中厄五度。

我来乙丑八月中，迄今穷黎两煦妪。

农夫力穑夏徂秋，可怜蓦被蛟龙妒。

天吴河伯蹇且骄，年来惯激淮水怒。

下流阻障惊倒灌，上流崩潴轰雷注。

与与蘛蘛计日登，丰年入眼洪涛付。

长吏奔波半在船，随流系缆田间树。

茫茫大地云水乡，蘧庐一叶人鸥鹭。

老翁见我双泪垂，泥涂指点无言诉。

慰我父老莫怨咨，九重早已闻呼吁。

皇仁上同覆载宽，一封才达忧南顾。

计口授餐还计日，百万岂惜空庾库。

大吏巡行膏不屯，单车匹马频移驻。

习习和风遍野吹，重葺茅茨理畦圃。

我闻汝阴自昔多名贤，四郊萧鼓随甘雨。

千夫奋锸百渎通，余力犹将三闸固。

又闻禹迹三过桐柏山，相度疏导起颠仆。

豁开硖石寿春阔，锁住支祁涡口赴。

荆涂雄峙束中流，濠泗浩渺汇归路。

终古山川无改移，胡为雨旸屡乖忤。

嗟乎浚畎距浍浍距川，得不与尔往来高下求其故！

清乾隆十年（1745），七月，河决阜宁县
陈家浦，由射阳湖、双阳子、八滩三路归海。十
月塞。

——《淮系年表》

乙丑五月河口防汛感怀（二首）

〔清〕铁保

（一）

河湖异涨胜当年，愁绝东南半壁天。
淮水怒排沙堰险，海潮倒拥铁门坚。
奇功毕竟输先达，赤手谁能障百川。
欲访耆英筹至策，嘉谟端藉老人传。

（二）

河腹如山去路屯，淮扬咫尺浪花掀。
欲垂远计培高堰，首建新猷沦海门。
稍喜盐河初引溜，那堪苦雨又倾盆。
无聊且备川江米，留济穷黎感圣心。

逃 荒 叹

〔清〕赵翼

男拖棒，女挈筐，过江南下逃灾荒。

云是淮扬稽天浸，幸脱鱼腹余赢尪。

百十为群踵相接，暮宿野寺朝城坊。

初犹倚门可怜色，结队渐众势渐强。

麾之不去似吠犬，取非其有或攘羊。

死法死饥等死耳，垂死宁复顾禁防。

遂令市阛白昼闭，饿气翻作凶焰张。

黔敖纵欲具路食，口众我寡恐召殃。

侧闻有司下令逐，具舟押送归故乡。

却望故乡在何所，洪荒降割方汤汤。

河　决　叹

〔清〕赵然

神河之水不可测，一夜无端高七尺。

奔涛骇浪势若山，长堤顷刻纷纷决。

堤里地形如釜底，一夜奔腾数百里。

男呼女号声动天，霎时尽葬洪涛里。

亦有攀援上高屋，屋圮依然饱鱼腹。

亦有奔向堤上去，骨肉招寻不知处。

苟延残喘不得死，四面茫茫皆是水。

积尸如山顺流下，孰是爷娘孰妻子。

仰天一恸气欲绝，伤心况复饥寒逼。

兼旬望得赈饥船，堤上已成几堆骨。

乾隆三十九年（1774）八月，黄河在老坝口决口，黄流直泻而下，一夜之间决口扩展到一百二十丈，跌塘深达五丈有余，黄河全流冲入运河，钵池山附近顿成泽国，居民四散奔逃。淮安城大半浸在水中，积水深达丈余。濒临运河的淮、扬、高、宝等四城官民只得登上城墙顶部、搭建临时帐篷避灾。

河　溢

〔清〕凌廷堪

甲午八月十九日，　铁牛岸崩河水溢。
黄流浩汗訇如雷，　淮壖尽作蛟龙室。
黑风吹水相斗争，　涛声撼天天为惊。
可怜黔天走无路，　咄嗟人命鸿毛轻。
传说濒淮百余里，　居民皆逐洪波徙。
号呼望救声入云，　富强登舟贫弱死。
死者骨肉为尘泥，　生者俱上长淮堤。
淮堤无米不得食，　惟见日暮风凄凄。
垂头枵腹但枯坐，　编苇栖身忍寒饿。
湿薪爇釜冷不烟，　妇子无声泪交堕。
作诗寄语淮之民，　九重恫瘝同一身。
指日恩纶下天府，　河堤使者加拊循。
补偏救弊圣王政，　坐令蔀屋生阳春。

清嘉庆二十年至嘉庆二十五年（1815 － 1820），
洪湖堤、运堤各闸坝均开决。

悲 河 决

〔清〕王荫槐

淮濆野人闭茅屋，夜枕啾啾闻鬼哭。

起看流尸积满淮，汹传堤决黄河曲。

兰阳七月风怒号，如山卷起黄河涛。

累卵之势久所虑，百丈一落波天滔。

荡潏陈留没汝颍，哀哉十万惊魂漂。

我闻招信舟人女湖宿，捞得儿死在空椟。

怀中粗粝谓所遗，可怜尚望人收育。

又闻阜阳渔人晨汲水，水中救得双鬟起。

泣言家世本清门，有兄赴试开封里。

夜半洪流没满村，仓皇讬命车箱底。

虽蒙拯死出波涛，滔滔何处存乡里。

吁嗟乎，天吴肆虐民何辜，我欲上排阊阖呼。

君不见曹滑壕边髑髅满，往岁贼乱民遭屠。

残魂堕魄冤未散，天阴颈血污模糊。

豫州疮痍犹在眼，那堪复此悲沦胥。

方今圣人忧旰食，发帑屡下司农敕。

保障谁能旦夕功，催输恐尽东南力。

日暮喧呼报急来，更惊袁浦防堤驿。

湖波澒洞声如雷，愁见妖星吐芒黑。

河　复　决

〔清〕陆嵩

黄河之水西域来，　东行入海经大伾。
自夺汴济日南徙，　横决时为居民灾。
百余年来险屡薄，　畚筑旋看堤成围。
奈何客秋溃丰北，　腊尽不得狂澜回。
经春历夏复百日，　运料堆垛千夫催。
合龙指顾忽风雨，　塞口冲突惊重开。
桃花新涨正弥漫，　盛夏势愈喧腾雷。
治河使者少长策，　金钱百万成飞埃。
中朝何人主海运，　遇此奏上谁能违。
漕船水手近十万，　失业剽掠官何为！
堪更灾黎偏远近，　安集靡所吁其危。
敢告当事亟储费，　兴工毋再几宜乖。
不然改道顺水性，　禹迹历历可寻追。
北河水利更修复，　转输畿甸无盈亏。
河工岁可万缗省，　官侵吏蚀民空哀。
职方九州试稽考，　宜稻岂独东南推？

2 / 05

水利景区

[里下河景区]
扬州凤凰岛水利风景区

扬州凤凰岛水利风景区

扬州凤凰岛水利风景区位于扬州市生态科技新城北部，位于京杭大运河淮河入江水道"七河八岛"和南水北调东线工程水域保护区内。景区以京杭大运河与邵伯湖交汇处广阔的水面和凤凰岛生态旅游区为依托，南面有七条大河，分割出八个岛屿，俗称"七河八岛"，向北连接邵伯湖、高邮湖、宝应湖等大面积湖泊水面。凤凰岛风景区总面积2.25平方公里，其中水域面积1.36平方公里，属湿地型水利风景区。

兴化千垛菜花水利风景区

千垛菜花水利风景区位于泰州兴化市，总面积约 6.67 平方公里，其中水域面积 2.67 平方公里，属自然河湖型水利风景区。景区主要依托东旺圩区、下官河、平旺湖和蜈蚣湖等水利工程。区内千岛纵横，河沟如织，地形独特，景色怡人。放眼垛田，河道纵横，块块隔垛宛如漂浮于水面的岛屿。景区以垛田田园水系为依托，对规划内河流水系进行改造，形成花中有水、水中有花的格局，花海中有水路，游客可乘船穿

[里下河景区]
兴化千垛菜花水利风景区

行其中，感受别样风光。河有万湾多碧水，田无一垛
不黄花。蓝天、碧水、金岛织就一幅绮丽画卷。兴化
垛田灌排工程体系成功入选 2022 年度世界灌溉工程
遗产名录。

[里下河景区]
兴化李中水上森林水利风景区

兴化李中水上森林水利风景区

　　李中水上森林水利风景区位于水乡兴化市西北部，始建于 20 世纪 70 年代中后期，目前启动区占地面积约 2000 亩，其中林地面积约 1050 亩，水域面积约 950 亩，属自然河湖型水利风景区。

　　景区以现有垛田林业水系为依托，水资源丰富，河道纵横，形成了"河流回环，水杉林立"的景观。森林青翠欲滴，沿木甬道穿行林间，尽享林间清风，直令人飘飘欲仙；小憩品茗，沐林下清凉，说天道地，谈古论今，沉浸于林水之间。

兴化徐马荒水利风景区

徐马荒水利风景区位于兴化市千垛镇西部，总面积10.68平方公里，其中水域面积6平方公里，属湿地型水利风景区。

景区主要依托横泾河、李中河水系，四季景观优美而独特，春有水中森林鸟鸣翠，夏有十里荷塘碧连天，秋有千亩芦荡花飞雪，冬有万亩荒野寂无声，千亩沟汊纵横、蒲草繁密、禽鸟起落，湿地风貌独特，自然风光优美。

[里下河景区]
兴化徐马荒水利风景区

[里下河景区]
阜宁金沙湖水利风景区

阜宁金沙湖水利风景区

金沙湖水利风景区位于阜宁县城南，景区规划面积22.61 平方公里，其中水域面积5.8 平方公里，属城市河湖型水利风景区。

金沙湖历史悠久，底蕴深厚。早在新石器时期就有人类繁衍生息，是江淮文明的重要发祥地之一。金沙湖资源独特，生态优良，物种资源丰富，有300 多种水生、陆生动植物，金沙湖是我国东部地区具有垄断性和唯一性的旅游资源。

宝应县射阳湖水利风景区

　　宝应县射阳湖水利风景区总面积约 1.8 万亩，风景区遵循保护和适度利用并重的规划原则，依托宝应县丰富的旅游资源，以荷藕文化、水乡风光、湿地景观为特色，将射阳湖水利风景区打造成为集水环境保护、科普教育、观光度假、休闲体验、健体娱乐为一体，具有里下河地区特色的水利风景区。

[里下河景区]
宝应县射阳湖水利风景区

宝应县北河水利风景区

北河水利风景区位于宝应县的北侧，靠近京沪高速、宝应大道，交通便捷。景区以北河（二里排河）为轴线，全长4.2公里，是一处以二里排河水利工程为依托，北河公园为重点，集自然风光、休闲娱乐、公共活动等功能于一体的综合性、开放式景区。

景区的主要水利工程二里排河，于1962年开挖兴建，于1977年疏浚，此处建有排涝泵站和闸桥，北河泵站设有蓄水池，承担着宝应城区北片防洪、排涝、灌溉，保持河道景观水位的任务。二里排河既是引水排涝之河，也是绿色生态之河。

[里下河景区]
宝应县北河水利风景区

盐城大纵湖水利风景区

　　大纵湖水利风景区地处里下河地区，坐落在盐城市西南的大纵湖镇，与泰州市交界，总面积21平方公里，水域面积16平方公里，属自然河湖型水利风景区。景区内陆地与湖面错落交融，天然植被与盈盈绿水相映成趣，林草丰茂，碧波荡漾，水天相接，静雅灵秀。

[里下河景区]
盐城大纵湖水利风景区

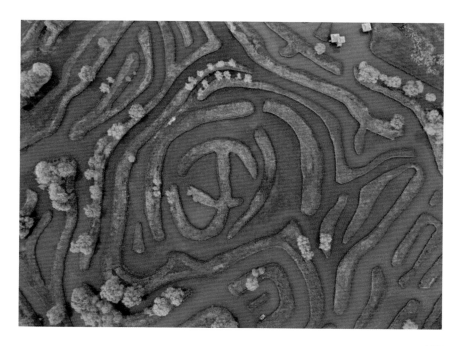

南水北调宝应站水利风景区

南水北调宝应站是省级水利风景区，全国南水北调东线工程的水源项目，也是东线工程上第一个建设、建成并发挥作用的泵站。宝应站工程于 2003 年 9 月 2 日开工建设，2005 年 10 月 9 日顺利通过试运行验收。其主要作用是满足南水北调规划东线一期工程抽江水北送的要求，并抽排里下河地区涝水。南水北调宝应站绿树成荫、鸟语花香，生态环境优美。

[里下河景区]
南水北调宝应站水利风景区

高邮市东湖水利风景区

　　高邮市东湖水利风景区地处长江三角洲的江苏省中部高邮市北郊，位于水网纵横、美丽富饶的里下河水乡，规划面积 13.78 平方公里，其中水域面积约为 2.41 平方公里。2012 年，东湖水利风景区获批为省级水利风景区。

[里下河景区]
高邮市东湖水利风景区

3/ 05

枢纽名胜

[里下河景区]
水文化主题公园

[垂钓中心]

水文化主题公园

　　泰州引江河管理处精心规划水文化主题公园，彰显"凤凰引江"文化特色，航船扬帆，碧波荡漾，琴园、棋园、书园、画园、雕塑、壁画、岳家军抗金印象等自然人文景观，形成了生态环境美、景观效果好、经济效益佳的国家级旅游景区，展现了一幅生态与文明融合发展的美丽画卷。

泰州引江河工程纪念碑

　　泰州引江河工程纪念碑由江苏省人民
政府于 1999 年设立，纪念碑主体为不锈钢
雕塑，形状由草书"水"字演化而来，又
形似"引江"二字，也像一面风帆，寓意
水利事业乘风破浪、再创辉煌。

[里下河景区]
泰州引江河工程纪念碑

[里下河景区]
画园

画园

　　画园以双面石刻浮雕墙"凤生水起"为引，以"凤凰引江赋"为纲，"凤凰引江""善泽东方""里下河韵""古运新曲""长江水脉""水美江苏"六座宣传画廊串联，用石雕、铜塑、金属锻造等多种艺术形式展现，形成了一座富于引江河和江苏水利特色的艺术园林。

樱花园

"小园新种红樱树，闲绕花行便当游。"——〔唐〕白居易

"樱鸿帆远"这个名字取自现实的美景，在叠帆造型的高港二线船闸下闸首右侧，就是新建的樱花园。

樱花园占地约 330 亩，以樱花为主要观赏树种，除了樱花，还配合种植了香樟、广玉兰、桂花等常绿树和五角枫、银杏、白玉兰等落叶树，另外还有红叶石楠、金森女贞、高羊茅等灌木、草坪近 50000 平方米。

[里下河景区]
樱花园

通过多样的植物品种和多样的种植方式，达到"春有花、夏有荫、秋有色、冬有绿"四季变换、移步易景的景观效果。

除了充分改善通航服务区环境，樱花园的建设还充分利用原有地形地势，运用乔灌草花相结合的方式，实现了良好的水土保持效果。

［里下河景区］
岳飞雕像

岳家军抗金印象

　　岳家军抗金印象取材于岳飞在泰州地区抗击金兵，最后在引江河风景区所在地取得大捷的历史记载，由"岳飞雕像""岳家军抗金浮雕墙""乌巾荡意境复原""得胜榜书碑刻""野营遗迹复原""野马形象复原""羊打鼓意象复原""柴墟冈遗址"等九大景观迭加而成。目前，正在逐步实施。这些历史文化的积淀，给引江河风景区增添了几分厚重感，激发广大游客热爱家乡、报效祖国的情怀。

水鸟天堂

引江河水质较好，具有丰富的鱼虾资源，吸引了大量水鸟在此休憩、觅食，成为引江河上的一大生态景观。此处水鸟种类多达二十余种：红嘴鸥、牛背鹭、白鹭、夜鹭、黑鹳、斑鱼狗、翠鸟、扇尾沙锥、白鹤⋯⋯部分品种已列入《世界自然保护联盟濒危物种红色名录》。

[里下河景区]
水鸟天堂

[里下河景区]
引江河河道风景

引江河河道

　　沿引江河河道设置了石榴园、梅园、紫薇园、木兰园、海棠园、樱花园六处植物园，以及银杏之舞、彩轮、十君子、畅游、翱翔五处雕塑作品。

[里下河景区]
揽江塔